OBSERVATIONS

SUR LES

LORANTHACÉES

PAR

M. LE Dr. MELCHIOR TREUB

Membre de l'Académie royale néerlandaise des sciences
Directeur du Jardin

LEIDE E. J. BRILL
1881

OBSERVATIONS

SUR LES

LORANTHACÉES,

PAR

M. LE DR. MELCHIOR TREUB,

Membre de l'Académie royale néerlandaise des sciences.
Directeur du Jardin.

LEIDE. — E. J. BRILL.
1881.

Extrait des **Annales du Jardin Botanique de Buitenzorg.**
Vol. II. pag. 54—76.

OBSERVATIONS SUR LES LORANTHACÉES.

Les parasites phanérogames, ont en commun avec beaucoup
d'organismes parasites, de présenter, outre les conséquences di-
rectes de leur manière de vivre, d'autres particularités plus ou
moins remarquables.

Il y a dégradation organique et confusion de fonctions, pour
des organes qui ne devraient pas nécessairement être affectés,
à ce qu'il semble, par les conditions particulières dans lesquelles s'effectue le développement de l'organisme. Aussi cette dégradation et cette confusion, ne sont considérées comme effets
indirects du mode de vivre du parasite, que parce qu'il y a très
souvent coïncidence entre elles et le parasitisme. Toujours est-
il que ces conséquences indirectes, s'il est permis de les nommer ainsi, n'en constituent pas moins des traits aussi intéressants que caractéristiques des plantes parasites.

S'il faut fournir des preuves à l'appui de ce que je viens
d'avancer, il n'y a qu'à renvoyer à la famille dont le nom se
trouve en tête de cet article. On peut répéter encore aujourd'hui,
ce que le grand botaniste de Genève disait de la famille des
Loranthacées, il y a quarante ans, „qu'elle mérite un intérêt
particulier, vu qu'elle n'est pas moins remarquable par sa vé-
gétation que par sa structure"[1]). Seulement il n'y a plus lieu
de se plaindre maintenant, comme le faisait A. P. de Candolle,
de ce que l'étude de cette famille ait été trop négligée.

Aux travaux d'ensemble de A. P. de Candolle lui-même, de
Blume, de Martius, de Korthals et d'autres, ceux de M. Wydler

---

[1) *A. P. de Candolle*, Mémoire sur la famille des Loranthacées. Paris 1830, p. 1.

de M. Baillon et de M. Eichler sont venus faire suite, de nos jours. Les observations sur le parasitisme des Loranthacées par Malpighi, du Hamel, Gaspard, Mirbel, Schauer et Dutrochet, ont été complétées par les recherches d'Unger, de Griffith et de M. Karsten, mais surtout dans les derniers temps par un travail détaillé du C⁰ʳ de Solms-Laubach. Enfin pour ce qui concerne la structure remarquable qu'offrent les Loranthacées, notamment dans leurs parties florales, les beaux mémoires de M. Decaisne et de Griffith ont précédé ceux de Treviranus, de Meyen, de Hofmeister et de M. van Tieghem.

Malgré les noms illustres qui se rattachent à l'étude de cette famille, il reste beaucoup à faire cependant, avant qu'elle soit aussi bien connue qu'elle le mérite. Cela s'explique d'ailleurs. En effet, les suites secondaires de leur parasitisme, dont je viens de parler, se traduisent chez les Loranthacées, par de profondes dégradations dans les organes sexués, et plus particulièrement dans les parties essentielles de l'ovaire, les placenta et les „ovules". Ces dégradations comptent réellement parmi les points les plus intéressants dans l'histoire naturelle des Loranthacées; seulement il n'est pas possible de les étudier convenablement sur des spécimens desséchés. Les études délicates de ce genre réclament surtout des matériaux bien conditionnés, dans tous les stades possibles de développement. Il est vrai qu'on pourrait les faire en majeure partie, sur des pièces conservées dans l'alcool, mais elles sont bien plus faciles à exécuter par les botanistes demeurant dans les pays où croissent beaucoup de Loranthacées. Or elles habitent de préférence les régions tropicales; là où bien peu de botanistes sont convenablement installés pour pouvoir faire des investigations soignées, au microscope. Il en résulte que l'évolution des placenta, des „ovules" et des embryons des Loranthacées, quelque intéressante qu'elle soit, est bien peu connue. Il n'y a, au fond, que le Gui et le Loranthus europaeus [1]), qui soient bien étudiés à

---

1) Ceux qui tiennent à une séparation des Viscées des Loranthées, ne m'en voudront pas j'espère que je continue à les unir dans le travail, sous le nom commun de Loranthacées.

ces égards, et même pour ces deux plantes nos connaissances ne sont pas complètes; ainsi les données fournies par Hofmeister sur le développement des sacs embryonnaires du Loranthus europaeus, sont loin d'être suffisantes.

Ces considérations m'ont amené à profiter de l'excellente occasion offerte ici, pour étudier les Loranthacées, surtout au point de vue du développement de leur gynécée et de leurs embryons. Avant de venir aux deux parties de mes observations que je publie aujourd'hui, il y a un point encore auquel je demande la permission de m'arrêter un instant.

Les résultats obtenus par les recherches organogéniques sur le gynécée des Loranthacées, nous mettront d'abord en état d'établir les homologies, entre les parties essentielles de l'organe femelle des Loranthacées d'une part et des Angiospermes normaux d'autre part. Ou, pour s'exprimer plus clairement, grâce à ces résultats nous pourrons indiquer, non seulement qu'il y a une notable dégradation, mais aussi *sur quels organes* elle a porté. C'est la question la plus importante, au point de vue de la morphologie.

Toutefois il y a une autre manière d'envisager ces résultats, et à laquelle j'attache pour moi une plus grande importance. Après avoir décidé quels sont les organes atteints par la dégradation, il s'agit d'établir *comment* ces parasites savent s'en tirer à moins de frais que les autres plantes; de quelle manière ils peuvent se passer d'une organisation paraissant indispensable presque partout ailleurs [1]. A ce point de vue physiologique les recherches sur les Loranthacées méritent, ce me semble, le plus d'intérêt. Encore, de cette façon seulement on aura la chance de découvrir un jour le lien mystérieux qui paraît unir au parasitisme, le manque de différenciation physiologique et morphologique chez le parasite.

Afin de rendre les descriptions suivantes aussi claires que possible, je commencerai toujours, à quelques exceptions près, par

---

1) Il va sans dire que j'ai en vue les dégradations considérées comme suites indirectes du parasitisme.

l'exposé de ce que j'ai observé moi-même. La discussion des vues théoriques et des points de rapport entre les résultats obtenus par d'autres botanistes et les miens, sera réléguée à la fin de chaque partie.

1.

Développement des sacs embryonnaires dans le Loranthus sphaerocarpus Bl.

Les jeunes bourgeons floraux du Loranthus sphaerocar-pus, renferment tantôt trois, tantôt quatre carpelles. On voit deux jeunes carpelles, en coupe longitudinale, au centre de la fig. 1 Pl. VIII. Quoique une quantité de fleurs aient passé par mes mains, je n'ai pu découvrir une préférence marquée, dans le nombre des carpelles; les cas où il y en trois ne sont pas plus fréquents que ceux où l'on en trouve quatre. Sur des coupes transversales de l'ovaire ou du style on distingue facilement le nombre des carpelles (fig. 5*a*, 5*b*, 6*a*, 6*b*, 7 Pl. VIII).

Bientôt les carpelles s'unissent dans leurs parties supérieures, en circonscrivant en bas une cavité ovarienne étroite; peu de temps après, on voit s'élever un petit mamelon hémisphérique, au fond de cette cavité (fig. 2, 3 Pl. VIII)[1]. A mesure que ce mamelon hémisphérique s'élève, on s'aperçoit qu'il est soudé aux parties saillantes des carpelles, et qu'il ne reste détaché de la paroi ovarienne que dans les trois ou quatre endroits intermédiaires. C'est ce qu'on peut suivre sur une série de coupes transversales, mais souvent aussi sur des sections longitudinales. Ainsi dans le cas de la fig. 4 Pl. VIII le mamelon était libre du côté gauche et uni au carpelle à droite. Pour mieux distinguer, sur des coupes transversales, les trois ou quatre endroits où l'union du mamelon avec la paroi ovarienne fait défaut je

---

1) *Hofmeister* a vu un mamelon pareil dans le Loranthus europaeus (Neue Beitr. z. Kenntn. der Embryobildung 1859, p. 540, 541) et Griffith dans une espèce de Viscum (?): The ovula of Loranthus and Viscum (Trans. Linn. Soc. XVIII p. 74).

me suis servi de la contraction que l'alcool exerce souvent sur de jeunes cellules. Dans le cas qui nous occupe l'alcool opère une forte contraction des cellules sur toute la superficie libre du mamelon. De la sorte on voit plus distinctement, les trois ou quatre canaux qui longent le mamelon, depuis sa base, et communiquent en haut avec la cavité de l'ovaire. Ainsi dans la fig. 6a Pl. VIII, prise d'après une pièce traitée par l'alcool, trois canaux, en coupe transversale sont bien visibles; ils entourent une partie centrale qui appartient au mamelon cellulaire, uni en trois endroits à la paroi ovarienne.

En examinant des bourgeons un peu plus âgés on trouve que le mamelon ne s'élève plus beaucoup; ses cellules supérieures s'agrandissent, surtout celles de l'épiderme qui s'avancent dans la cavité ovarienne, et tendent par là à la rendre encore plus petite (fig. 1 Pl. IX). Les carpelles eux-mêmes prennent aussi part à ce rétrécissement de la cavité ovarienne. Leurs parties qui font saillie en dedans s'unissent d'abord de façon à laisser libres trois ou quatre [1]) canaux étroits, bien visibles, après un traitement par l'alcool, dans la fig. 6b Pl. VIII. Peu après, le tissu des différents carpelles se confond entièrement, jusque immédiatement au dessus des cellules agrandies du mamelon hémisphérique (fig. 3, 4 Pl. IX); de la sorte tout l'ovaire est devenu solide, sa cavité a tout-à-fait disparu. Bientôt il n'est même plus possible de distinguer la limite supérieure du mamelon. On voit alors au milieu de l'ovaire solide, des rangées longitudinales continues de cellules, mais dont les éléments sont néanmoins d'origine différente; une partie des cellules d'une même rangée provient du mamelon hémisphérique, une autre partie des faces internes de carpelles, avancées jusqu'au centre de l'ovaire.

Pour le Loranthus europaeus, Hofmeister a décrit une soudure analogue, du mamelon avec les parties internes produites des carpelles, mais il n'a pas indiqué les détails de cette singulière réunion intime [2]). Pour le Gui, Hofmeister a décrit la

---

1) Les nombres trois ou quatre dépendant toujours du nombre des carpelles.
2) *Hofmeister* loc. cit. (Abhdl. d. Königl. Sachs. Gesellsch. d. Wiss. Bd. VI) p. 541.

même chose, mais M. van Tieghen n'a pu trouver de mamelon hémisphérique dans cette plante. D'ailleurs M. van Tieghem considérait comme peu vraisemblable l'existence préalable d'un pareil mamelon dans le Gui, parce que au centre de l'ovaire solide, „on peut suivre la même file verticale de cellules depuis le stigmate jusqu'entre les sacs embryonaires". Le savant professeur du Muséum ajoute, „ce qui évidemment n'aurait pas lieu si dans l'intervalle on passait d'un organe dans un autre" '). Je dois avouer que je ne doutais pas non plus, à priori, de la valeur de cet argument. Seulement ce que j'ai vu chez le Loranthus sphaerocarpus m'a obligé de changer d'avis sur ce point; il se trouve que des files continues de cellules, peuvent être constituées d'éléments hétérogènes quant à leur origine.

Pendant que la cavité ovarienne disparaît par cette soudure, des changements interviennent à l'intérieur des segments libres du mamelon hémisphérique.

Sur une coupe transversale menée un peu au-dessus de l'insertion du mamelon, dans un ovaire où la cavité existe encore, les cellules de ces 3 ou 4 segments libres, tranchent, par leur protoplasma plus dense, sur le tissu environnant. Dans la fig. 8 Pl. VIII ces cellules des segments libres sont dessinés en gris; on verra que chaque groupe se compose de quelques cellules épidermiques avec des éléments d'une ou de deux assises sous·jacentes.

Sur des coupes longitudinales de bourgeons plus avancés, les segments libres, qui s'étendent faiblement en sens latéral (comp. la fig. 1 Pl. IX à la fig. 4 Pl. VIII) présentent un agrandissement notable de plusieurs de leurs cellules sous-épidermiques (fig. 1 Pl. IX). Bientôt quatre ou cinq de ces cellules prennent le dessus; on en voit presque toujours deux sur une coupe axile (fig. 2, 3, 4a, 4b Pl. IX). Ces grandes cellules qui d'abord n'ont qu'une position plus ou moins inclinée, finissent par devenir presque verticales (fig. 3, 4 Pl. IX); ce changement

1) *Ph. van Tieghem* Anatomie des fleurs et du fruit du Gui (Ann. des *Sc.* Nat. 5ième série Bot. T. XII, 1869) p. 123, 124.

de direction, résulte de l'allongement basipétal des segments libres, comme le montrent les figures de la Pl. IX.

Au moment où l'ovaire est devenu solide les grandes cellules sont ordinairement encore indivises (fig. 4ᵃ Pl. IX). Elles sont entourées d'une couche de cellules dépourvues d'amidon; cette couche est enveloppée de tous les côtés, de cellules remplies de grains d'amidon (fig. 4ᵇ Pl. IX). Plusieurs des cellules à protoplasma ont fait partie de l'épiderme du mamelon, qui a entièrement perdu son autonomie à cette époque. Plus haut dans l'ovaire on découvre trois ou quatre faisceaux de cellules à amidon (voir la coupe transversale de la fig. 9 Pl. VIII). Ces faisceaux, qui jouent un rôle plus tard, sont disposés autour de l'axe et forment la continuation directe des couches de cellules à amidon autour des „grandes cellules". Celles-ci qui ont tardé à se developper jusqu'alors, prennent tout-à-coup un nouvel essor; une fois la segmentation commencée, chacune d'elles se trouve rapidement divisée en trois cellules-filles (fig. 3 Pl. X [1]). Le fait qu'on trouve toujours plusieurs noyaux en même temps en train de se diviser (fig. 1, 2 Pl. X) dans les groupes de grandes cellules, prouve qu'en effet les divisions s'y succèdent dans un bref délai.

La cellule *supérieure* d'une des rangées, résultant de ces divisions, commence à s'agrandir ensuite beaucoup plus que les éléments environnants; elle constitue un *sac embryonnaire* surmontant deux *anticlines* [2]), qui restent longtemps visibles (fig. 4, 5, 6 Pl. X). Donc les grandes cellules sous-épidermiques dans les segments libres du mamelon, étaient des cellules-mères de sacs embryonnaires; quoiqu'elles se divisent toutes il n'y en a qu'une, dans chaque segment, ayant le privilège d'engendrer un sac embryonnaire développé. Puisque les choses se passent

---

1) Trois est le nombre normal des cellules-filles.

2) M. Mellink et moi, nous avons trouvé de même de véritables »anticlines" (Vesque) dans l'Agraphis patula. J'ai déjà fait remarquer, dans l'article précédent, qu'il se trouve par erreur »synergide" au lieu »d'anticline" dans notre Notice (Arch. Neérl. T XV): il y a une autre faute encore à corriger: à mettre, plusieurs fois »nucelle" au lieu de »nuclens" M. Mellink étant en voyage et moi voguant vers Java nous n'avons pas pû corriger les épreuves nous-mêmes.

de la même manière dans chaque segment, il y a toujours plus tard dans un ovaire autant de sacs embryonnaires qu'il y avait auparavant de segments libres et par conséquent de carpelles.

En même temps le tissu cellulaire dans la partie inférieure de l'ovaire, s'est différencié de manière à former une gaîne de cellules collenchymateuses. Cette gaîne allongée en pointe en bas, est ouverte vers le haut; elle est colorée en bleu dans la fig. 8 (moitié schématique) de la Pl. X. J'ai représenté, à plus fort grossissent, dans la fig. 7 de la même planche, la partie basale de cette gaîne, en coupe longitudinale. On verra dans la suite que la gaîne de collenchyme joue un rôle important, lors du développement de l'embryon [1]).

Les sacs embryonnaires subissent un allongement considérable (fig. 6 Pl. X). Ils commencent à s'allonger en une direction ascendante, *en suivant exactement les axes des faisceaux à amidon, dont j'ai parlé plus haut*. C'est ce qu'on voit très bien sur une série de coupes transversales du même ovaire; une de ces coupes est représentée dans la fig. 4 Pl. XI; chaque sac embryonnaire y occupe le centre d'un groupe de cellules a amidon (comp. cette figure à la fig. 9 Pl. VIII. Il n'arrive qu'à titre d'exception qu'un des sacs s'égare en route et se trouve à côté du faisceau de cellules à amidon, qui lui était destiné (fig. 3 Pl. XI).

Les sacs embryonnaires montent jusqu' à la base du style, en s'élargissant un peu (fig. 1, 2 Pl. XI). En même temps que leurs parties supérieures approchent du sommet de l'ovaire, leurs extrémités inférieures s'allongent aussi et descendent dans la gaîne de collenchyme (fig. 1, 5 Pl. XI). Les anticlines disparaissent entièrement, et sur des préparations bien réussies on découvre l'extrémité du sac embryonnaire, effilée en pointe, appliquée en dedans contre les cellules collenchymateuses de la gaîne (fig. 5 Pl. XI). Pour qu'on puisse se faire une idée

---

1) Un tissu analogue, à ce qu'il parait, à cette gaîne de collenchyme a été décrit par Hofmeister, pour le Loranthus europaeus, sons le nom de »chalaze" (loc cit. p. 540).

de l'allongement que subissent les sacs embryonnaires, j'ai représenté un sac embryonnaire adulte dans la fig. 1 Pl. XI, à droite; tandis que le sac de la fig. 6 Pl. X est indiqué, à gauche, dans la figure 8 de la même planche. Quoique les figures 1 Pl. XI et 8 Pl. X, soient à moitié schématiques, les dimensions relatives des sacs embryonnaires y sont fidèlement reproduites.

Il suit de la description donnée, que les sacs embryonnaires s'étendent, tant en bas qu'en haut, bien au delà des limites primitives du mamelon dont ils proviennent; c'est ce qu'on peut affirmer positivement, quoiqu'il ne soit plus possible de distinguer ces limites. La direction dans laquelle se fait l'allongement des sacs embryonnaires, est déterminée à deux égards; d'abord par la direction des faisceaux de cellules à amidon, ensuite par la position de la gaîne de collenchyme. Car normalement, je le répète, chaque sac embryonnaire du Loranthus sphaerocarpus occupe dans sa partie supérieure l'axe d'un de ces faisceaux, tandis que de l'autre côté ils entrent tous dans la gaîne de collenchyme.

Sur ces entrefaites des changements sont survenus dans le contenu des sacs embryonnaires. Après la première division du noyau du sac, un des jeunes nucléus monte dans le sommet du sac et s'y segmente à son tour (fig. 5, 6 Pl. X). Je n'ai pas réussi à voir d'autres divisions de noyaux; je n'ai jamais vu d'antipodes, tout au plus un noyau libre dans la moitié inférieure du sac. Dans le sommet élargi des sacs adultes jai toujours trouvé deux noyaux, dont un me semblait être libre, tandis que l'autre appartenait à l'oeuf (fig. 2 Pl. XI). Toutefois je dois avouer que les sacs embryonnaires du Loranthus sont si étroits et si longs que peut-être des noyaux m'ont échappé; pour ce qui concerne l'appareil sexuel, des erreurs sont peu probables.

Les sacs développés ont une membrane épaisse (fig. 2, 5, 6 Pl. XI); leur protoplasma pariétal contient de nombreux grains d'amidon, qui proviennent sans doute du parenchyme environnant; cet amidon représente le matériel dont l'embryon fera usage pour l'accroissement de ses parois.

Nous arrivons maintenant aux conclusions théoriques qu'il
faut déduire des faits observés. Il ne s'agit, au fond, que de
déterminer la valeur morphologique du mamelon. L'opinion
fixée sur ce point, il ne sera plus difficile de s'entendre sur
ce qu'il faut nommer „ovule" dans le Loranthus. Comme je
l'ai rappelé plus haut, Griffith trouva en 1834 dans un „Viscum", étudié par lui aux Indes anglaises, un mamelon hémisphérique dans le jeune ovaire, égal à ceux des Loranthus
europaeus et sphaerocarpus („nipple-shaped process") [1]. Griffith en disait en 1836, „il y a une ressemblance évidente entre
le processus en forme de mamelon du Viscum et le placenta
libre et central des Santalacées" [2]. Dans un mémoire lu plus
tard à la société royale de Londres, l'éminent botaniste est re-
venu sur ce point en expliquant pourquoi il avait considéré
son „nipple-shaped process" comme analogue à un placenta
(„rather analogous to a placenta") [3].

Hofmeister prend, au contraire, le mamelon hémisphérique
du Loranthus europaeus, pour un ovule sans tégument, libre
et unique dans chaque ovaire [4]. A un autre endroit du même
mémoire, il ajoute encore: „Ce serait agir avec peu de pru-
dence, que de considérer comme placenta l'organe que j'ai
nommée ovule. Je ne puis pas m'y résoudre à cause de la
masse de tissu au-dessous de cet ovule, et qui ressemble à une
chalaze". Il lui est venu quelques doutes, plus tard. En par-
lant de l'ovule des Balanophorées, il fait remarquer au bas de
la page [5]) que „l'ovule" des Loranthacées tropiques pourrait bien
être un placenta. Mais à tout prendre, Hofmeister assigne
aux Loranthacées un ovule orthotrope, dépourvu de tégument
et renfermant plusieurs sacs embryonnaires.

Griffith, pour qui le mamelon représentait un placenta, était

1) *Griffith*, Ovula of Loranthus and Viscum, loc. cit. p. 74.

2) Loc. cit. p. 78.

3) *Griffith*, On the ovulum of Santalum, Osyris, Loranthus and Viscum, Trans.
Linn. Society, Vol. XIX p. 182.

4) *Hofmeister* loc. cit. p. 541.

5) Loc. cit. p. 601.

d'avis que chez les Viscum et les Loranthus chaque sac embryonnaire représente un ovule réduit au minimum [1]). Quant à l'essentiel, l'opinion professée par M. Decaisne dans son célèbre mémoire sur le Gui ne diffère pas de celle de Griffith [2]). M. van Tieghem s'est rangé de même du côté de ces auteurs en disant: [3]) „C'est donc, en définitive, l'opinion ancienne de M.M. Griffith et Decaisne, convenablement complétée et modifiée, que les observations organogéniques et anatomiques me conduisent à adopter pour expliquer la structure remarquable de la fleur femelle du Gui.''

La manière dont il faut envisager le „mamelon'' du Loranthus sphaerocarpus, ne me semble pas douteuse. Aucune raison ne nous engage à considérer le processus hémisphérique, comme ovule réduit à son nucelle. Nulle part plusieurs groupes de cellules-mères de sacs embryonnaires ne naissent dans les parties latérales d'un nucelle, comme cela serait le cas chez le Loranthus si le mamelon en litige méritait le rang d'ovule.

Vouloir considérer le mamelon comme ovule, seulement parce qu'on croit pouvoir assigner à la gaîne de collenchyme la valeur d'une chalaze, comme Hofmeister l'a fait, c'est là entrer de plein pied dans le domaine des hypothèses gratuites et superflues.

En tenant compte de ce qui a été décrit plus haut à propos de la genèse des sacs embryonnaires et surtout de leurs cellules-mères, et en comparant ces résultats à ce que nous savons actuellement de l'évolution des sacs embryonnaires en général, il n'y a que l'hypothèse suivante qui me paraisse soutenable. *La région axile du mamelon, constitue un placenta, et les trois ou quatre segments latéraux libres, qui se produisent, sont des ovules rudimentaires.* La pluralité des cellules-mères de sacs embryonnaires, dans chaque segment empêche d'assigner le rang d'ovules aux sacs embryonnaires mêmes.

---

1) *Griffith* Ovulum of Santalum, Osyris etc., loc. cit. p. 181, 193, 194, 195.

2) Voir *van Tieghem* Anat. des fleurs et du fruit du Gui. Ann. des Sc. Nat. 5ième série. Bot. T. XII p. 122.

3) *van Tieghem*, loc. cit. p. 124.

Mon hypothèse se trouve singulièrement appuyée, par ce qui se voit dans la famille voisine des Santalacées, et à cet égard il n'y a qu'à invoquer en faveur de ma manière de voir, les mêmes arguments dont s'est servi Griffith pour prouver la vérité de la sienne. Tandis que les Thesium peuvent servir de type de ces Santalacées où les ovules sont insérés vers le sommet de la colonne placentaire centrale[1]), le genre Santalum se rapproche déjà plus des Loranthus en tant que ses ovules, dépourvues de téguments comme ceux de toutes les Santalacées, sont insérés près de la base du placenta. Enfin dans l'Osyris Nepalensis, le développement et la forme du placenta et des ovules rudimentaires, décrits et figurés par Griffith, présentent des rapports manifestes avec la manière dont se passent les choses dans les Loranthus[2]). Il n'y a qu'à se figurer les ovules rudimentaires de l'Osyris encore plus réduits, pour ne plus avoir, en définitive, que des segments libres d'un mamelon placentaire de Loranthus. La forme recourbée qu'ont les ovules dans l'Osyris Nepalensis[3]), pourrait expliquer, à la rigueur, comment les sacs embryonnaires du Loranthus s'allongent en direction ascendante. Seulement lorsqu'on a affaire à des dégradations aussi profondes que celles offertes par les Loranthacées, il faut se garder de vouloir pousser trop loin les recherches d'homologies et de points de rapports avec les cas normaux.

A d'autres égards encore, les Loranthacées ressemblent aux Santalées. Ainsi dans la dernière famille les sacs embryonnaires s'allongent aussi, tant en haut qu'en bas, et très souvent ils pénètrent, par leurs parties postérieures, dans la colonne placentaire et poussent jusque dans le tissu sous-jacent. On

---

1) On sait par les recherches de M. *van Tieghem* (Anatomie de la fleur des Santalacées, Ann. d. Sc. Nat. 5ième série Bot. T. XII p. 340) que cette colonne placentaire n'appartient pas plus à l'axe floral que celle des Primulacées et des Théophrastées; elle est constituée par des »talons", faisant partie des carpelles.

2) Voir, les deux mémoires cités de Griffith, ainsi que son travail sur l'ovule du Santalum album (Transact. Linn. Soc. Vol. XVIII).

3) Voir, tab. 18 Vol. XIX Transact. Linn. Soc.

sait que les carpelles et les ovules des Santalacées sont toujours
égaux en nombre. Pour les Loranthus, Griffith dit ne pas
avoir découvert une relation définie, entre le nombre des sacs
embryonnaires et le processus en forme de mamelon [1]). Pour
le Loranthus europaeus Hofmeister n'indique pas non plus de
rapport constant entre le nombre des carpelles et celui des sacs
embryonnaires [2]). Dans le Gui, M. van Tieghem a trouvé tantôt
un, tantôt deux sacs embryonnaires pour chaque carpelle [3]). Dans
les Loranthus sphaerocarpus les choses se passent différemment,
car il y a toujours autant d'„ovules" que de carpelles. C'est
ce qu'on voit même encore dans les ovaires devenus solides,
car il y a *un* faisceau fibrovasculaire interne pour chaque sac
embryonnaire, et le nombre de ces faisceaux internes correspond à celui des carpelles (fig. 6ª, 7 Pl. VIII, fig. 4 Pl. XI).

En somme Griffith avait raison en disant [4]) „que le Santalum
forme le lien qui unit la forme la plus simple d'un ovule,
comme dans les Loranthus et les Viscum, à la forme ordinaire
et plus compliquée de cet organe".

2.

Embryogénie du Loranthus sphaerocarpus Bl.

Chaque sac embryonnaire produit généralement un embryon
(fig. 1 Pl. XII), ce qui s'accorde avec le fait que ces sacs tirent
leur origine d'ovules différents, quoique très-rudimentaires.

L'oeuf fécondé paraît toujours se segmenter d'abord par une
cloison longitudinale, du moins tous les embryons, même les
plus jeunes, sont composés de deux files contigues de cellules,
(fig. 7ª, 7ᵇ, 8, 9ª, 9ᵇ Pl. XI, fig. 1—6 Pl. XII). D'après les
dessins de Griffith, la même chose paraît avoir lieu dans d'au-

---

1) *Griffith* Trans., Linn. Soc. Vol. XIX p. 178.

2) *Hofmeister* Neue Beiträge etc. loc. cit.

3) *Van Tieghem* Anat. des fleurs du Gui, loc. cit. p. 108. Il est probable que
dans le Gui deux cellules-mères d'un même groupe, peuvent produire des sacs
embryonnaires.

4) *Griffith* Ovulum of Santalum album, loc. cit p. 64.

tres Loranthus. Les figures citées montrent le fait remarquable, que dans chaque moitié d'embryon, les cloisons se trouvent exactement à la même hauteur. — Pendant que les cellules inférieures de l'embryon, ou plutôt du „proembryon" [1]), continuent à se diviser de temps en temps, les cellules supérieures souffrent un allongement extraordinaire (fig. 9, 8 Pl. XI, fig. 3, 4, 5ᵃ 5ᵇ Pl. XII; les deux dernières figures représentent les deux moitiés du même sac embryonnaire). En même temps que le proembryon s'avance, quelques cellules d'endosperme se sont formées dans le bas du sac embryonnaire, comme on le voit dans la fig. 3 Pl. XII (représentant la moitié inférieure du sac embryonnaire de la fig. 8 Pl. XI). Bientôt le proembryon, poussé par l'allongement de ses cellules supérieures, atteint l'endosperme et le traverse (fig. 4, 5, 6 Pl. XII, et fig. 1ᵃ, 1ᵇ Pl XIII); on voit dans ces figures que les cellules inférieures s'élargissent et commencent à se tordre (voir surtout la fig. 5ᵇ Pl. XII). Les cellules de l'extrémité inférieure du proembryon, constituent l'ébauche de l'embryon proprement-dit; la double file cellulaire est le „suspenseur".

L'endosperme s'étend de deux manières; il s'élargit dans sa partie médiane (fig. 6 Pl. XII, fig. 1ᵃ Pl. XIII) et s'allonge dans le sommet du sac (fig. 5, 6 Pl. XII). Dans les cas comme ceux des figures 6 Pl. XII et 1ᵃ Pl. XIII on réussit encore à distinguer les longues cellules du suspenseur au milieu de l'endosperme; plus tard cela devient beaucoup plus difficile (fig. 2 Pl. XIII), le suspenseur fait souvent l'effet d'être accroché à la base produite de l'endosperme. Lorsque l'embryon proprement dit, à pris un développement notable, il n'est plus possible de déceler la présence du suspenseur au milieu des cellules endospermiques (fig. 2—5 Pl. XIV).

Les cellules du suspenseur qui ont traversé l'endosperme, tordues et enroulées en spirale (fig. 2, 6 Pl. XIII, fig. 10 Pl. XIV), ont, par leur allongement, poussé l'ébauche de l'embryon proprement

---

1) En réalité il n'y a encore qu'un »proembryon", la différenciation en »suspenseur" et en »embryon proprement dit" ne se fait que plus tard.

dit, dans le fond de la gaîne de collenchyme. C'est là que le véritable embryon commence alors à se développer; dans sa partie cotylédonaire de petites cellules, gorgées de protoplasma, deviennent le siége d'une division cellulaire énergique, tandis que la région opposée est constituée par de grandes cellules (fig. 2—5 Pl. XIII). Par l'accroissement de l'embryon la partie libre du suspenseur est refoulée vers l'endosperme et comprimée entre la base de celui-ci et l'extrémité radiculaire de l'embryon (fig. 2, 6 Pl. XIII).

Avant de porter l'attention vers l'endosperme, nous devons nous arrêter un instant aux embryons avortés. On sait que le fruit du Gui renferme souvent plus d'un embryon. Excepté Griffith, personne n'a trouvé jusqu'ici plus d'un embyron dans les fruits des Loranthus. Griffith prétend que dans le Loranthus globosus „l'embryon adulte" serait presque toujours en réalité un organisme complexe, résultant d'une fusion, plus ou moins profonde, des embryons engendrés dans les différents sacs embryonnaires [1]. L'admiration que j'ai pour les travaux de Griffith, ne saurait m'empêcher de douter de la justesse de cette assertion. Non pas que la chose en elle-même soit absolument impossible [2]; mais, même à l'aide des moyens plus perfectionnés, dont nous disposons maintenant dans nos recherches, il serait encore bien difficile de constater positivement cette fusion précoce des jeunes embryons. L'étude du Loranthus sphaerocarpus, dont l'ovaire ressemble tout à celui du L. globosns, m'a donné cette conviction.

Dans le L. Sphaerocarpus, je n'ai jamais constaté une fusion ou une soudure de deux ou de plusieurs embryons. Au contraire j'ai assez souvent réussi à découvrir des embryons *décidément avortés*, accrochés à la base de jeunes corps endospermiques. J'en ai représenté quelques cas dans les planches qui accompagnent ce mémoire. Ainsi dans la fig. 7 Pl. XII on voit un embryon avorté dont l'extrémité s'est recourbée vers le corps endosper-

---

1) *Griffith* On the ovulum of Santalum, Osyris, Loranthus and Viscum, Transact. Linn. Soc. Vol. XIX p. 180.

2) Puisque, dans la Gui on trouve souvent des embryons accolés, sinon soudés.

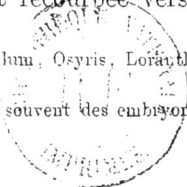

mique d'où il est sorti. L'embryon de la fig. 1ª Pl. XIII n'a pas non plus pris un développement normal, ce qu'on voit d'abord en comparant la fig. 5ᵇ Pl. XII où l'endosperme est beaucoup plus jeune. Dans chacune des figures 9 et 10 Pl. XV il y a un embryon qui ne s'est pas développé.

Pendant que l'embryon proprement dit s'accroît, caché dans la gaîne de collenchyme, l'endosperme prend un développement notable. D'abord sa partie centrale entre dans l'embouchure de la gaîne (fig. 2 Pl. XIII), sans y pénétrer bien loin toutefois.

Aussi l'accroissement de l'endosperme en sens latéral est beaucoup plus important, l'endosperme forme plusieurs lobes latéraux, qui empiètent sur les tissus environnants de l'ovaire; dans la fig. 2 Pl. XIII on voit deux de ces lobes en coupe longitudinale; la manière dont les lobes s'avancent entre les faisceaux fibrovasculaires est visible dans la figure 8, mi-schématique, de la Pl. XV où l'endosperme est coloré en sépia. L'accroissement de l'endosperme se fait surtout dans sa région inférieure, et notamment dans ses couches périphériques, où les petites cellules, remplies de protoplasma, agissent comme une espèce de méristème (fig. 2 Pl. XIII, fig. 2, 3 Pl. XIV).

Pour le Loranthus europaeus, Hofmeister a indiqué que les cellules inférieures de l'endosperme se segmentent plus fréquemment que celles d'en haut; cependant cette espèce est loin de présenter l'intéressant mode d'accroissement, tant périphérique que basilaire, de l'endosperme du L. sphaerocarpus [1]. Par contre un développement analogue a été trouvé par Griffith chez quelques Loranthacées tropicales [2]. Plus bas il y aura lieu de revenir sur le développement ultérieur de l'endosperme.

J'ai fait remarquer plus haut que l'embryon proprement dit refoule et comprime par son allongement la partie libre enroulée du suspenseur. Il arrive un moment où cette partie du suspenseur, de plus en plus comprimée, finit par disparaître tout-à-fait. Les grandes cellules qui occupent la région radi-

---

[1] *Hofmeister* Neue Beitr. p. 543, Pl. IV fig. 8.
[2] Voir surtout les fig. 5—6 Pl. VI dans Transact. Linn. Soc. Vol. XVIII.

culaire de l'embryon, touchent alors à la base de l'endosperme (dans les fig. 2—4 de la Pl. XIV cette région est déjà entrée *dans* l'endosperme). Dans ce stade l'embryon remplit encore la majeure partie de la gaîne de collenchyme, comme on le voit dans la fig. 3 P. XIV (dans plusieurs figures la gaîne est colorée en bleu). Quand on porte, à cette époque, l'attention vers les sommets des sacs embryonnaires, on éprouve souvent des difficultés à retrouver les files collatérales du suspenseur. La formation de cellules endospermiques s'est avancée vers le haut du sac, et ces cellules entourent les éléments du suspenseur et les compriment de façon à ne plus pouvoir bien les reconnaître. Dans la figure 1 de la Pl. XIV j'ai représenté une coupe transversale du haut d'un sac embryonnaire, deux cellules de suspenseur qui occupent le centre, sont entourées par quatre cellules endospermiques.

Tant l'endosperme que l'embryon deviennent ensuite le siège, de changements intéressants. L'embryon pénètre toujours plus avant, par son extrémité radiculaire, dans l'intérieur de l'endosperme, en détruisant les cellules endospermiques qui s'opposent à sa marche ascendante (fig. 2—5 Pl. XIV). Non seulement l'embryon, qui s'épaissit aussi, pénètre dans l'endosperme mais il se retire en même temps de la gaîne de collenchyme (fig. 5 Pl. XVI). Ces points méritent d'être signalés plus particulièrement. A cet effet j'ai réuni dans la Pl. XV, une série de figures (1—7) à moitié schématiques qui représentent les changements successifs offerts par l'endosperme et par l'embryon; pour ce dernier, tant par rapport à la gaîne de collenchyme qu'à l'endosperme. Dans cette planche l'embryon est coloré en jaune, l'endosperme a un ton sépia et la gaîne de collenchyme est de nouveau colorée en bleu. Les figures, 1, 2, 4, 5 et 6 de la Pl. XV sont prises d'après les mêmes préparations que les figures 3, 2, 5, 6 et 7 de la Pl. XIV.

Dans les fig. 1 et 2 (c'est toujours de la Pl. XV que je parle ici) l'endosperme est encore peu développé et l'extrémité de l'embryon se trouve dans le fond de la gaîne de collenchyme. Dans la fig. 3 la partie radiculaire de l'embryon entre dans l'endosperme, qui commence à grandir; en même temps l'embryon marque une tendance à se retirer de la gaîne. Cette tendance est manifeste dans la fig. 4 où il n'y a plus que l'extrémité cotylédonaire qui se trouve dans la gaîne de collenchyme; la majeure partie de l'embryon est déjà englobée dans l'endosperme. Les stades suivants, 5, 6 et 7 montrent comment l'embryon continue sa pérégrination. Finalement l'extrémité radiculaire sort de l'endosperme, justement du côté opposé à celui où il est entré (fig. 7).

L'endosperme lui-même participe d'une façon active à tous ces changements. Lorsque l'embryon est entré tout-à-fait dans l'endosperme, celui-ci se ferme petit-à-petit au dessous de lui (fig. 5—7). A cet effet les parties situées au dessous de l'embryon, prennent un développement centripète (fig. 5 et surtout fig. 6 Pl. XIV), de sorte qu'il ne reste plus qu'un étroit canal conduisant de la gaîne de collenchyme vers l'embryon. Dans une phase plus avancée l'embryon est entièrement enfermé; à la place du canal dans l'endosperme il n'y a plus qu'une ligne de démarcation (fig. 6, et surtout fig. 7 Pl. XIV). Enfin ce dernier vestige de l'orifice disparaît aussi, la réunion du tissu endosperme est complète (fig. 7).

Les figures de la Pl. XV montrent que l'endosperme s'est considérablement accru pendant ce temps; les parties basilaires de ses lobes finissent par envelopper, presque entièrement, la gaîne de collenchyme (fig. 6, 7). Contrairement à ce qui se voit d'abord, l'endosperme s'accroît plus tard aussi dans ses régions supérieures (fig. 3—7); ce sont encore les couches périphériques qui président à cet accroissement [1]).

Il n'est pas facile d'expliquer le mécanisme de ces changements de place, des embryons du L. Sphaerocarpus, qui commencent par pendre, à une assez grande distance au-dessous des corps endospermiques, et qui finissent par en sortir en haut. Jusqu'au moment où l'embryon atteint la base de l'endosperme,

---

1) J'ai déjà fait remarquer plus haut que la fig. 8 Pl. XV représente une coupe transversale d'un fruit.

tout s'explique par l'accroissement de l'embryon. Quant à sa sortie de la gaîne de collenchyme, une pression exercée par l'endosperme, qui s'étend en bas, tant sur cette gaîne que sur l'embryon lui-même, y contribue beaucoup; mais je crois qu'il faut assigner en même temps à l'embryon, une tendance autonome à pousser vers le sommet de l'ovaire. De même sa marche à travers l'endosperme peut être facilitée, par une pression, exercée sur l'extrémité cotylédonaire, par les parties basilaires de l'endosperme (fig. 5, 6, 7); mais il me semble que là encore l'accroissement autonome de l'embryon, doit entrer pour beaucoup dans l'explication du phénomène.

Il reste une question à élucider, à savoir si les corps endospermiques de différents sacs embryonnaires peuvent se réunir en un seul endosperme. Des cas comme ceux représentés dans les fig. 9 et 10 Pl. XV ne paraissent pas laisser de doutes sur la possibilité d'une pareille fusion, d'ailleurs déjà signalée pour d'autres Loranthacées [1]). Mais je ne suis pas en état de décider si l'endosperme du fruit mûr, a tiré son origine d'un ou de plusieurs sacs embryonnaires; je crois qu'il provient généralement d'un seul sac. Il est d'autant plus difficile de fournir des indications précises sur ce point, que les lobes d'endosperme simulent parfois des corps endospermiques à part.

Chez le Loranthus europaeus, les relations entre l'embryon et l'endosperme, rappellent de loin le L. Sphaerocarpus. Dans le L. europaeus Hofmeister a vu le sommet du jeune embryon, sortir en bas de l'endosperme, quoique seulement à une faible distance. Plus tard, l'embryon se trouve être entouré de toute part par des cellules endospermiques, cependant l'extrémité cotylédonaire n'est recouverte que de deux ou trois assises de cellules [2]).

Les points de ressemblance entre le L. sphaerocarpus et le L. globosus, étudié par Griffith, sont bien plus nombreux. Ainsi

---

1) Ainsi par *Griffith*, Trans. Linn. Soc. Vol. XIX p. 206.
2) *Hofmeister* Neue Beitr. loc. cit. Pl. IV fig. 8.

dans cette espèce, le suspenseur est aussi formé par deux files contigues de cellules; Griffith a découvert la même chose dans le Loranthus bicolor [1]). L'embryon proprement dit du L. globosus, commence aussi son développement en dehors de l'endosperme, et n'y rentre que dans une phase suivante; Griffith n'entre pas dans des détails à cet égard, il ne fournit que quelques indications générales. Je terminerai en citant ce pas- du grand naturaliste anglais.

„Dans le Loranthus globosus, c'est seulement dans une période avancée qu'il (l'embryon) devient inclus de la manière ordinaire dans l'albumen, par la tendance constante de l'embryon à se développer dans la direction de l'axe, par la pression qu'y oppose la densité des tissus de la base de la fleur et par l'extension vers le bas de l'accroissement de l'albumen. Arrivé à la maturité, l'embryon présente sa grande radicule faisant saillie au dehors de la surface supérieure de l'albumen [2])".

1) *Griffith* Trans. Lin. Soc. vol. XIX p. 179.
2) *Griffith* Loc. cit. p. 180.

EXPLICATION DES PLANCHES

LORANTHUS SPHAEROCARPUS.

Pl. VIII.

Fig. 1.—3. Coupes longitudinales médianes de jeunes bourgeons floraux. Gross. 38 diam.

„ 4. Partie d'une coupe longitudinale axile d'un jeune ovaire. Gross. 240 diam.

„ 5a. Coupe transversale d'un jeune style. Gross. 90 diam.

„ 5b. Coupe transversale d'un ovaire (de la même fleur que la fig. 5a). Gross. 140 diam.

„ 6a, 6b. Parties de coupes transversales du même ovaire (traité par l'alcool). Gross. 50 diam.

„ 7. Partie d'une coupe transversale d'un ovaire. Gross. 90 diam.

„ 8. Partie d'une coupe transversale d'un ovaire, menée à travers le mamelon cellulaire. Gross. 240 diam.

„ 9. Partie d'une coupe transversale dans le haut d'un ovaire plus âgé. Gross. 240 diam.

Pl. IX.

Fig. 1—3. Coupes axiles de „mamelons cellulaires". Gross. 450 diam.

Fig. 4a. Partie d'une coupe axile d'un ovaire plus avancé, devenu solide. Gross. 240 diam.

„ 4b. Cellules-mères de sacs embryonnaires, avec les cellules environnantes; figure prise de la même préparation que la figure précédente Gross. 450 diam.

Pl. X.

Fig. 1. Deux cellules-mères de sacs embryonnaires. Gross 450 diam.

„ 2, 3. Cellules-mères de sacs-embryonnaires divisées, avec tissu environnant. Gross. 360 diam.

„ 4, 5. Sacs embryonnaires avec anticlines. Gross. 360 diam.

„ 6. Sac embryonnaire plus âgé, avec deux anticlines. Gross. 240.

„ 7. Partie de la gaîne de collenchyme en coupe longitudinale. Gross. 450 diam.

„ 8. Coupe longitudinale, axile, d'un ovaire; moitié schématique (voir le texte); la gaîne de collenchyme est colorée en bleu, un sac embryonnaire est indiqué à gauche dans la partie centrale. Gross. ± 12 diam.

Pl. XI.

Fig. 1. Coupe longitudinale axile d'un ovaire; moitié schématique; la gaîne de collenchyme colorée en bleu; à droite dans la partie centrale on voit un sac embryonnaire. Gross. faible.

Fig. 2. Sommet d'un sac embryonnaire adulte. Gross. 155 diam.

„ 3, 4. Coupes transversales de la partie supérieure d'ovaires chez lesquels les sacs embryonnaires sont arrivés au terme de leur allongement. Gross. 140 diam.

„ 5. Extrémité inférieure d'un sac embryonnaire appliqué contre la gaîne de collenchyme. Gross 240 diam.

„ 6. Extrémité inférieure d'un sac embryonnaire. Gross. 240 diam.

„ 7a, 7b. Jeune embryon dans deux positions différentes (section optique). Gross. 240 diam.

„ 8. Sac embryonnaire avec un jeune embryon. Gross. 155 diam.

„ 9a, 9b. Extrémité inférieure d'un jeune embryon, en section optique dans deux positions différentes. Gross. 240 diam.

Pl. XII.

Fig. 1. Partie d'une coupe longitudinale d'un ovaire, montrant deux embryons. Gross. 140 diam.

„ 2. Partie supérieure d'un embryon. Gross. 400 diam.

„ 3. Extrémité inférieure du sac embryonnaire de la fig. 8 Pl. XI. Gross. 155 diam.

„ 4. Partie médiane d'un embryon. Gross. 155 diam.

„ 5a, 5b. Les deux moitiés d'un sac embryonnaire renfermant un embryon et un commencement d'endosperme. Gross. 155 diam.

Fig. 6. Jeune endosperme, traversé par un suspenseur, en coupe longitudinale. Gross. 155. diam.

„ 7. Extrémité inférieure d'un jeune corps endospermique, (en coupe longitudinale) portant un embryon avorté. Gross. 140 diam.

Pl. XIII.

Fig. 1a Endosperme, embryon et suspenseur, en coupe longitudinale. Gross. 90 diam.

„ 1b. Partie de la même préparation, dessinée à plus fort grossissement. Gross. 240 diam.

„ 2. Corps endospermique plus âgé, traversé par un suspenseur et portant aussi un embryon. Gross. 90 diam.

„ 3, 4. Jeunes embryons en sections axiles. Gross. 140 diam.

„ 5. Embryon plus âgé que celui des figures précédentes. Gross. 90 diam.

„ 6. Suspenseur enroulé en spirale et comprimé entre l'extrémité radiculaire de l'embryon et l'endosperme. Gross. 240 diam.

Pl. XIV.

Fig. 1. Coupe transversale d'un sac embryonnaire; deux cellules de suspenseur sont entourées de quatre cellules d'endosperme. Gross. 400 diam.

„ 2. Figure prise d'après une coupe longitudinale d'un corps endospermique, à la hauteur de l'insertion de l'embryon. Gross. 155 diam.

„ 3. Endosperme, embryon et gaîne de collenchyme (colorée en bleu) en coupe longitudinale. Gross. 50 diam.

„ 4. Partie radiculaire d'un embryon,
en coupe longitudinale. Gross. 90
diam.

„ 5. Coupe longitudinale d'un embryon entré en majeure partie dans
l'endosperme; l'extrémité cotylédonaire se trouve encore dans l'em
bouchure de la gaîne. Gross. 50 diam.

„ 6, 7. Parties de coupes axiles d'o-
vaires plus âgés (voir le texte).
L'embryon est coloré en gris, la
gaîne de collenchyme en bleu. Gross.
120 diam.

Pl. XV.

Pour ce qui concerne les figures 1—8, à
moitié schématiques, je prie le lecteur

de vouloir comparer le texte. Dans ces
figures l'embryon est coloré en jaune;
l'endosperme en sépia et la gaîne de collenchyme en bleu.

Fig. 1—4. Ovaires en coupes longitudinales.

Fig. 5—7. Corps endospermiques avec
embryons et gaînes de collenchyme,
en coupes longitudinales.

„ 8. Coupe transversale d'un ovaire.

„ 9, 10. Parties centrales de coupes
axiles d'ovaires. Dans chaque figure
on voit deux corps endospermiques,
dont l'un porte un embryon avorté,
tandis que l'autre porte un embryon
normalement développé. La gaîne de
collenchyme est colorée en bleu.

OBSERVATIONS SUR LES LORANTHACÉES. [1]

3.

Viscum articulatum Burm.

La fleur femelle du *Viscum articulatum* présente une réduction si considérable, que ses parties les plus essentielles atteignent aux limites de la simplicité imaginable pour une fleur de Phanérogame.

C'est en partie à cause de cela que l'évolution du sac embryonnaire et de l'embryon ne sont pas traités séparément ici, comme je l'ai fait pour le Loranthus sphaerocarpus. Encore la plante qui nous occupe aujourd'hui, ne présente ni dans son embryon, ni dans son endosperme, des particularités assez intéressantes pour nous engager à leur consacrer un paragraphe spécial.

Si l'on veut établir des comparaisons avec ce qui s'est trouvé dans d'autres Viscum, il n'y a, pour le moment, que les travaux sur le Gui, desquels on puisse se servir. Il est vrai que Griffith s'est occupé, à deux reprises, de Viscum des Indes Anglaises. Seulement la plante trouvée par lui à Mergui, et qu'il a étudiée la première fois, offre dans le développement de son gynécée de si profondes différences avec le Gui, que Hofmeister s'est cru autorisé à la réléguer parmi les Santala-

---

1) Voyez pour les deux premières parties de ce travail, le Vol. II de ce *Annales* p. 54—76, Pl. VIII—XV

cées. M. van Tieghem aussi a fait remarquer que dans ce „Viscum" de Griffith, les choses se passent tout autrement que dans le Gui et qu'elles se rapprochent beaucoup de l'organisation du Santalum et du Loranthus. Moi-même j'ai été contraint, dans les paragraphes précédents, de garder certaine réserve à l'égard du travail de Griffith sur cette plante. Mais cependant je crois qu'on aurait tort de vouloir affirmer, déjà maintenant, comme Hofmeister l'a fait, que le „Viscum" de Mergui, n'a pas pu appartenir à ce genre; et cela pour la raison bien simple que nos connaissances actuelles sur le gynécée des Loranthacées, sont encore beaucoup trop restreintes pour qu'on ait le droit de se prononcer aussi catégoriquement.

Si, toutefois, je n'appuye pas sur les différences entre le Viscum dit de Mergui, et le Viscum articulatum, c'est d'abord parce que les deux autres Viscum étudiés plus tard par Griffith, ne participent nullement aux caractéristiques de celui sur lequel avaient porté ses premières recherches, pour autant que les quelques indications fournies par lui, permettent d'en juger. Mais c'est surtout parce que de mes propres recherches sur le Viscum articulatum, il résulte, pour le gynécée de cette plante, une analogie frappante avec le Gui.

En effet la ressemblance sur ce point important, entre le Viscum album et le Viscum articulatum est tellement grande, qu'en la signalant je caractérise le mieux le résultat principal de mes investigations. La dégradation est allée un peu plus loin encore dans ce Gui tropical que dans celui d'Europe; mais c'est là un point sur lequel je reviendrai dans la suite. Quoique je n'aie jamais pu étudier moi-même le Viscum album, mes recherches faites sur son congénère d'ici, m'ont donné la conviction que le mémoire publié en 1869 par M. van Tieghem, est le plus consciencieux des nombreux travaux parus sur le Gui [1]).

Le Viscum articulatum (*Aphyllum*..... *rami ancipiti- compressi*

---

1) *Ph. van Tieghem*, Anatomie des fleurs et du fruit du Gui, Ann. Sc. Nat. 5ième série. Bot. T. XII.

articulati . . . . . *flores ad apices articulorum spicato-fasciculati* 1—3 *sessiles* . . . .) espèce monoïque, se trouve fréquemment à Buitenzorg. Comme M. Korthals l'a déjà fait remarquer, il croît assez souvent sur différents Loranthus, surtout sur les L. pentandrus et sphaerocarpus. Les entre-nœuds successifs d'un rameau sont applatis dans des plans perpendiculaires l'un sur l'autre.

D'abord on ne voit que deux bourgeons sur le sommet de l'entre-nœud, un de chaque côté de l'insertion de l'article suivant; mais bientôt de plus jeunes se montrent à droite et à gauche de chacun d'eux. De la sorte l'entre-nœud est surmonté par deux groupes de trois bourgeons. Sur plusieurs pieds j'ai vu le nombre de ceux-ci augmenter encore, par la production de bourgeons au-dessus et au-dessous de la fleur primaire du groupe.

Pour éviter toute cause d'erreur il ne faut comparer que de jeunes fleurs de même ordre, chez lesquelles les plans de symétrie correspondent. Plusieurs raisons m'ont fait choisir les deux premiers bourgeons de chaque entre-nœud. Il arrive bien, à titre d'exception, qu'un d'eux constitue l'ébauche d'une fleur mâle, ou qu'on s'aperçoit avoir affaire à un bourgeon ordinaire; mais dans la majorité des cas ce sont de jeunes fleurs femelles.

Dans chacune de ces fleurs primaires les carpelles, *deux* en nombre, sont toujours disposés de manière à ce que le plan qui contient leurs médianes, soit perpendiculaire à l'entrenœud aplati qui porte les fleurs. Ainsi c'est, en général, dans cette direction là qu'il faut mener les coupes; et, à moins que le contraire ne soit indiqué, c'est aussi à ce genre de sections que se rapportent les figures.

Sur des sections longitudinales de très jeunes fleurs (fig. 2a, 2b, 1a Pl. I) on voit les deux feuilles carpellaires se toucher déjà par leurs faces internes, sans jamais laisser entre elles de cavité ovarienne; pour reprendre l'expression de M. van Tieghem relative au Gui, elles ne sont pas creusées en gouttière et réunies par leurs bords, mais bien soudées l'une à l'autre par

le parenchyme de leurs faces supérieures planes[1]). En em-
ployant de plus forts grossissements, on voit que dans les plus
jeunes stades, il n'y a pas encore de soudure proprement dite
(fig. 2b, 3, 4 et surtout fig. 1c), en tant qu'il reste une fente,
souvent presque imperceptible. Lorsqu'on mène à travers
une jeune fleur femelle, une série de sections transversales,
celle qui frôle le dessus de l'ovaire montre une légère dépres-
sion au milieu: la démarcation entre les deux feuilles carpellaires (fig. 6). Il ne reste bientôt, sur des sections longitudinales, qu'une ligne plus noire comme indice du contact des
carpelles; et, bien avant l'épanouissement de la fleur, cette
ligne a disparu et l'ovaire est devenu solide, dans le sens le
plus strict de ce mot.

Dans les plus jeunes bourgeons que j'ai étudiés, il n'y avait
pas encore des traces des futurs sacs embryonnaires (fig. 2b).
C'est seulement dans des stades un peu plus avancés qu'on
commence à les trouver. Là où se termine, en dedans, la
ligne de démarcation, l'épiderme de la face interne des carpelles
s'est nettement spécialisé; plus que vers le haut en général.
C'est dans cet endroit qu'on remarque pour la première fois,
plusieurs cellules se distinguant par un allongement plus
considérable. Invariablement, ces cellules font partie de l'assise sous-épidermique; les plus grandes d'entre elles sont des
cellules-mères de sacs embryonnaires.

Dans les figures 1c, 3 et 4 de la Pl. I, les cellules allongées
dont il s'agit, sont indiquées en dessinant, soit tout le corps
protoplasmique, soit les contours du noyau (fig. 4); mais même
dans la fig. 1b on les reconnait tout de suite à leurs dimensions.

J'ai tenu à ne laisser plus de doutes sur le lieu d'où les sacs
embryonnaires tirent leur origine, parce que les données que
nous avons à cet égard sur le Gui ne sont pas assez précises.

Hofmeister dit que deux ou, très rarement, trois cellules

---

1) *van Tieghem*, loc. cit., p. 107.

du tissu carpellaire ne se divisent pas, „leur position correspond à l'endroit où l'étroite fente entre les carpelles se terminait en bas . . . .; ce sont elles qui sont les sacs embryonnaires" [1]).

„C'est", ainsi s'exprime M. van Tieghem, „dans la moitié inférieure du parenchyme central résultant de l'union cellulaire des deux faces supérieures planes des carpelles, que les corps reproducteurs se développent; souvent il en naît un pour chaque feuille; quelquefois deux pour une feuille rapprochés l'un devant l'autre dans le plan de symétrie du carpelle, et un seul pour l'autre feuille; plus rarement deux pour chaque carpelle, et alors ils sont tous les quatre dans le plan des deux nervures médianes. Une cellule du parenchyme de la feuillle... grandit beaucoup plus que les autres et... s'étend bientôt dans toute la moitié inférieure du carpelle. . . . S'il y a deux cellules d'un même côté, elles sont toutes deux dans le plan de symétrie. ... Ces cellules ne sont autre chose que les sacs embryonnaires" [2]).

Les plus étroites des cellules sous-épidermiques du Viscum articulatum, dont je viens de parler, ne doivent pas être considérées comme cellules-mères de sacs embryonnaires. C'est ce qu'on voit surtout un peu plus tard (fig. 1 et 2 Pl. II), lorsque les véritables cellules mères se reconnaissent tant à leur corps protoplasmique qu'à l'épaississement commençant de leurs parois, et surtout à leurs dimensions. C'est sur de jeunes fleurs, arrivées à ce stade, que j'ai voulu décider s'il y avait ou non, relation constante entre le nombre des cellules-mères et celui des carpelles; et, cela étant en effet le cas, s'il régnait ensuite quelque règle dans la disposition des cellules-mères par rapport au plan de symétrie des feuilles carpellaires. Dans ce but il n'y avait qu'à choisir, d'une suite de coupes transversales, celle, ou celles, menée au niveau des cellules-mères. Quoique pas toujours, celles-ci sont le plus souvent bien reconnaissables,

1) *Hofmeister*, Neue Beitr., I. 1859, p. 555.
2) *van Tieghem*, loc. cit. p. 108, 109.

Mais je n'ai pas réussi à découvrir de relation, entre leur nombre et leur position et les carpelles (fig. 7, 8 Pl. I). Sur des coupes longitudinales de fleurs plus agées, on voit tantôt des cellules mères contiguës (fig. 4 Pl. I), tantôt elles sont séparées par du parenchyme ordinaire (fig. 5 Pl. II), sans qu'il paraisse y avoir là dedans quelque régularité.

Ces deux choses me font admettre que les rapports entre sacs embryonnaires et feuilles carpellaires, trouvés chez le Gui par M. van Tieghem, n'existent plus dans le Viscum articulatum.

Bientôt chaque cellule-mère de sac embryonnaire procède à sa division (fig. 5 Pl. I, fig. 2 Pl. II). Il ne paraît pas que la segmentation se répète dans une des deux cellules-filles. Contrairement à ce qui se passe dans le Loranthus sphaerocarpus, et d'accord avec la règle générale, c'est la cellule-fille inférieure qui se transforme en jeune sac embryonnaire (fig. 3, 4 Pl. II), tandis que sa cellule-sœur finit par être résorbée. Tant la cloison séparatrice que les parois de la cellule-mère, se distinguent par un épaississement assez considérable; elles prennent cet aspect luisant qu'on leur connait dans beaucoup d'autres plantes (fig. 3, 4).

Après ou pendant la résorbtion de sa cellule-sœur, chaque jeune sac embryonnaire présente un dédoublement de son noyau; les deux nucléus qui en résultent, occupent ensuite les deux pôles de la cellule (fig. 4 et fig. 5 à gauche).

L'égalité dans l'évolution des sacs embryonnaires s'arrête là, car jamais je n'ai vu plus d'un seul sac continuer son développement; les autres qui ne se développent pas, restent pendant quelque temps dans le même état (fig. 5); plus tard on ne les retrouve plus.

On a vu plus haut, que les choses se passent différemment dans le Gui, puisqu'il y a là souvent deux on trois sacs embryonnaires adultes [1]). Par contre il semble, d'après les indi-

1) Voyez: van Tieghem, loc. cit., Hofmeister, loc. cit. p. 556, L. C. Treviranus, Bau und Endwick. d. Samen der Mistel, Abhdl. Math-Physik. Classe Bayer. Akademie, Bd. VII, 1853 p. 167—169, Decaisne, sur le pollen et l'ovule du Gui, Ann. Sc. Nat. 2ième série, Bot. T. XIII, 1840, p. 296.

cations que nous devons à Griffith, que chez d'autres Viscum tropicaux il n'y a de même qu'un seul sac embryonnaire qui se développe [1]).

Le sac unique du Viscum articulatum, qui continue sa croissance, pousse vers le sommet de l'ovaire; mais avant qu'il soit arrivé à mi-chemin, son allongement s'arrête (fig. 9 Pl. II). Dans sa partie inférieure il est souvent très rétréci (fig. 5 et 7 Pl. II); en haut il est toujours fortement enflé (fig. 5—8).

Pour ce qui concerne les changements survenus à l'intérieur du sac, voici ce que j'ai vu. Lorsque la région inférieure est très étroite, on ne découvre pas ou presque pas de cellules antipodes (fig. 5, 7 ; d'autres fois les antipodes sont bien visibles, mais il reste quelques doutes sur leur nombre (fig. 6 ; mais dans des sacs bien développés, comme celui de la fig. 8, j'ai vu plusieurs fois trois antipodes superposés, et cela très distinctement. Dans le protoplasma j'ai souvent trouvé un gros noyau allongé; ayant l'air de résulter de la fusion de deux noyaux (fig. 8, 5 Pl. II).

Il est plus difficile de se faire une bonne idée de ce qui arrive dans le sommet du sac. Une fois j'y ai vu quatre noyaux libres; d'autres fois trois noyaux dans l'appareil sexuel, le quatrième en conjonction avec un autre, probablement venu d'en bas. Dans le sac adulte j'ai quelquefois pu distinguer deux synergides et un œuf (fig. 8); mais dans la plupart des cas, les préparations, de quelles manières elles furent faites, laissèrent à désirer a cet égard. La membrane au sommet du sac n'est pas assez solide; peut-être elle présente des parties plus minces et assez bien circonscrites comme Hofmeister les a trouvées dans le Gui [2]), toutefois je ne puis pas l'affirmer.

A tout prendre je crois que, dans la majorité des cas, le développement interne qui s'effectue dans le sac embryonnaire du Viscum articulatum, se rattache à la règle générale découverte par M. Strasburger.

---

1) Transact. Linnean Society, Vol. XIX Pl. 21. fig. 5—11.
2) Loc. cit. p. 557.

Pour les sacs embryonnaires du Gui, M. van Tieghem a dit, qu'ils sont munis sous leur voûte supérieure de deux grosses et sombres vésicules protoplasmiques, et pourvus, dans leur partie inférieure rétrécie, de plusieurs cellules antipodes [1]). D'après Hofmeister, ils renferment le plus souvent deux „vésicules embryonnaires", il arrive plus rarement qu'il y en a trois. „Le nombre des cellules antipodes oscillait entre une et deux. Il n'est pas rare qu'elles fassent entièrement défaut" [2]).

Bientôt après que le tube pollinique s'est appliqué contre le sommet du sac embryonnaire, on voit la cavité du sac divisée en quelques celllules endospermiques. Celles-ci croissent et se segmentent activement, du moins dans le haut du sac; là où la partie inférieure est étroite et effilée, elle ne contribue pas plus à la formation de l'endosperme que ce n'est le cas chez le Viscum album [3]).

Pendant que l'endosperme continue à s'accroître, on a beaucoup de peine à reconnaître l'embryon, qui reste longtemps unicellulaire; il en était ainsi, par exemple, pour le cas de la fig. 9, où l'endosperme, teint en gris dans le dessin, présentait cependant déjà des dimensions notables.

L'organisation de l'embryon continue à se faire avec lenteur; il ne se forme qu'un suspenseur très court. Arrivé au stade où le globule embryonnaire est bien distinct, l'embryon n'occupe plus jamais le sommet du corps endospermique; il descend et se porte vers un des côtés. Ce changement de position, continue à mesure que l'embryon se différencie; lorsque les cotylédons, qui d'abord sont droits (fig. 12 Pl. II), se courbent, l'axe de l'embryon a généralement pris une position horizontale, et l'extrémité radiculaire fait saillie sur un des flancs du corps endospermique. Aussi sur une „graine" qui germe, l'extrémité radiculaire pointe latéralement (fig. 14). On reconnaît encore à la „graine" germante, de quelle façon elle était placée dans

1) Loc. cit. p. 109.
2) Loc. cit. p. 557.
3) *Hofmeister* loc. cit. p. 559, 560.

le fruit. La position de la „graine" dans la fig. 14, correspond à celle de l'endosperme dans la fig. 10.

Avant de passer outre j'ai à dire quelques mots à propos de la fig. 11 Pl. II, représentant une coupe longitudinale axile d'un fruit. Au milieu de l'endosperme on distingue l'embryon, coloré en brun en coupe transversale; vu la position de l'embryon, cela n'est pas possible en réalité, et c'est seulement sur une section menée à quelque distance de l'axe, qu'on peut rencontrer l'embryon (voir les fig. 10 et 13). Aussi c'est d'après une des autres coupes du même fruit que j'ai indiqué l'embryon dans la fig. 11.

Les fig. 10 et 11, qui représentent des sections axiles perpendiculaires l'une sur l'autre, montrent la forme lenticulaire qu'affecte le corps endospermique. Déjà au début du développement de l'endosperme, les cellules environnantes du tissu ovarien subissent une liquéfaction, pour ainsi dire, suivie d'une résorbtion qui continue à mesure que l'endosperme s'étend. A cet égard encore il y a analogie avec le Gui.

Dans le fond de l'ovaire, sous l'endosperme, un groupe d'éléments se transforme en cellules pierreuses. Ce groupe, indiqué dans les fig. 9 et 10 est probablement l'homologue de la „gaine de collenchyme" du Loranthus sphaerocarpus. C'est entre ces cellules pierreuses, et dans le léger enfoncement que présente ce groupe, que l'endosperme s'implante.

Pour ne pas m'écarter, du plan que je me suis tracé, je ne m'arrêterai pas à la formation de la pulpe visqueuse dans le fruit. Toutefois je puis ajouter, qu'on peut répéter, à cet égard, quant à l'essentiel pour le Viscum articulatum, ce que M. van Tieghem a dit du Gui. Je ferai seulement remarquer qu'il y a ici une différenciation en deux espèces de cellules, dans les bandes où la matière visqueuse s'amasse (fig. 11).

Quant à la lenteur avec laquelle se fait le développement de l'embryon, les Viscum articulatum et album se ressemblent aussi, surtout dans les premiers stades [1]. D'après une figure

---

1) *Hofmeister*, loc. cit. p. 560.

de Griffith on dirait qu'il en est de même pour un des Viscum auxquels il s'est arrêté [1].

Il y a un point sur lequel le Viscum articulatum et le Gui paraissent différer. Lorsqu'il n'y a, chez le Gui, qu'un seul embryon, celui-ci occuperait, suivant plusieurs auteurs [2], l'axe du fruit; tandis que dans le Viscum étudié par moi, l'embryon est toujours placé latéralement; il est vrai que M. van Tieghem indique la même chose, pour les fruits à embryon unique du Gui [3].

S'il est une famille où il faut suivre de proche en proche l'évolution du gynécée, c'est bien celle des Loranthacées. En effet ce n'est qu'à cette condition, qu'on peut saisir les importantes différences qui s'effacent entièrement à mesure que la fleur approche de l'époque de son épanouissement.

Ainsi en comparant des fleurs adultes, on serait tenté d'identifier le gynécée du Loranthus sphaerocarpus, du moins quant à l'essentiel, avec celui du Viscum articulatum, à part l'inégalité dans le nombre des sacs embryonnaires. Et pourtant les deux cas sont bien différents. Dans le Loranthus il y a un placenta central, portant, selon moi, trois on quatre ovules rudimentaires, sous forme de segments latéraux libres; plus j'y pense et plus je suis convaincu de la justesse de cette interprétation [4]. Mais chez les deux Viscum suffisamment étudiés jusqu'ici, la dégradation est bien plus profonde encore,

---

1) Transact. Linn. Society, Vol. XIX, tab. 21, fig. 8, pag. 214.

2) Voyez aussi: *Pitra*, Bot. Zeit. 1861, p. 53; *Treviranus*, loc. cit. fig. 25 et 29 Pl. III.

3) Loc. cit. p. 111.

4) Voir ces Annales, Vol II p. 64, 65. C'est seulement après avoir écrit les deux premières parties de ces »Observations sur les Loranthacées", que j'ai été à même de consulter le travail de Sir Joseph Hooker sur les Myrodendron. Sans cela je n'aurais pas manqué de faire entrer le Myrodendron punctulatum dans la discussion de la p. 65; d'ailleurs le raisonnement serait resté le même. (*Hooker*, Mémoire sur l'organisation des Myrodendron, Ann. Sc. Nat. 3ième série, Bot. IV, extrait, traduit de: Botany of the Antarctic voyage of discovery ships Erebus and Terror. Comparer, pour ce qui concerne les vues actuelles sur la position systématique des Myrodendron, entre autres: *Eichler*, Blüthendiagramme II p. 542).

car non seulement on n'y trouve plus de placenta, mais il n'y a même plus d'ovules. En effet on se voit obligé de dire avec M. van Tieghem: „l'ovule n'existe pas" [1]); il n'y a que des sacs embryonnaires. Ce qui mérite d'être signalé, c'est que les cellules-mères de sacs embryonnaires chez le Viscum articulatum, tirent leur origine de l'assise sous-épidermique, comme c'est la règle générale lorsqu'elles naissent dans des ovules d'Angiospermes. C'est là un caractère qui s'est conservé, malgré la dégradation intrinsèque qui a eu lieu. Le Viscum articulatum est descendu un degré plus bas encore que le Gui, à quoi j'ai déjà fait allusion plus haut. Chez le dernier il y a encore un certain rapport entre les sacs embryonnaires et les carpelles. Dans le Viscum articulatum le nombre et la disposition des sacs ne dépendent plus du tout des feuilles carpellaires; pas plus de leur nombre que de leur position.

---

1) Loc. cit. p. 120.

EXPLICATION DES PLANCHES.

(A moins d'indication contraire, toutes les sections longitudinales sont menées dans le plan de symétrie des carpelles, c'est à dire perpendiculairement au plan de l'entre-nœud aplati. Les grossissements sont indiqués en diamètres).

Pl. I.

Fig. 1a. Section longitudinale axile d'un bourgeon de fleur femelle. 60.

„ 1b. Partie de la même coupe, à la hauteur des carpelles. 170.

„ 1c. Partie de 1b. 450.

„ 2a. Section axile d'un très jeune bourgeon de fleur femelle. 60.

„ 2b. Partie de la même coupe, à la hauteur des carpelles. 400.

„ 3, 4. Parties de sections axiles de fleurs femelles, montrant les cellules-mères des sacs embryonnaires. 240.

„ 5. Cellules-mères de sacs embryonnaires, avec tissu environnant. Section menée parallèlement au plan de l'entre-nœud. 240.

„ 6. Ovaire vu d'en haut, montrant la démarcation entre les deux feuilles carpellaires. 240.

„ 7, 8. Parties de sections transversales de jeunes fleurs femelles, menées au niveau des cellules-mères de sacs embryonnaires.

Pl. II.

„ 1, 2. Parties de sections longitudinales menées à la hauteur des cellules-mères de sacs embryonnaires. 240.

Fig. 3. Sac embryonnaire surmonté de sa cellule-sœur. 400.

„ 4. Sacs embryonnaires surmontés de leurs cellules-sœurs qui sont en train d'être résorbées. 400.

„ 5. Deux sacs embryonnaires avec tissu environnant; deux synergides sont visibles dans le sac développé. ± 130.

„ 6, 7, 8. Sacs embryonnaires. 240.

„ 9, 10, 11. Sections axiles de jeunes fruits; le plan de la section dans la fig. 11 est perpendiculaire à celui de la fig. 10; l'embryon a été indiqué dans la fig. 11 d'après une des autres coupes du même fruit; l'endosperme est teint à l'encre de chine, l'embryon est coloré en orange. ± 20—15.

„ 12. Jeune embryon en section longitudinale. Faible grossissement.

„ 13. Corps endospermique avec embryon en section longitudinale axile. Faible grossissement.

„ 14. Graine germante; d'après nature; peu grossie.

Pl. I.

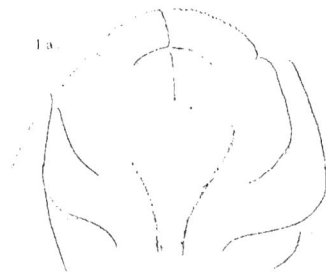

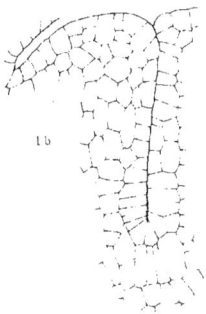

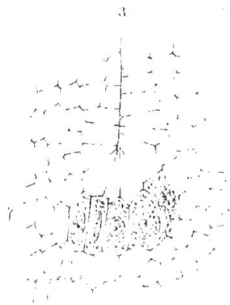

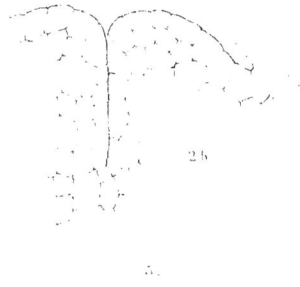

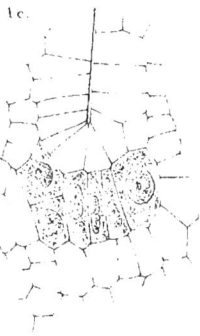

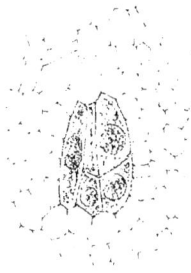

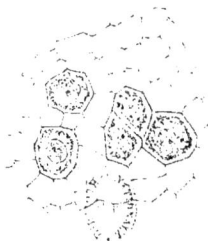

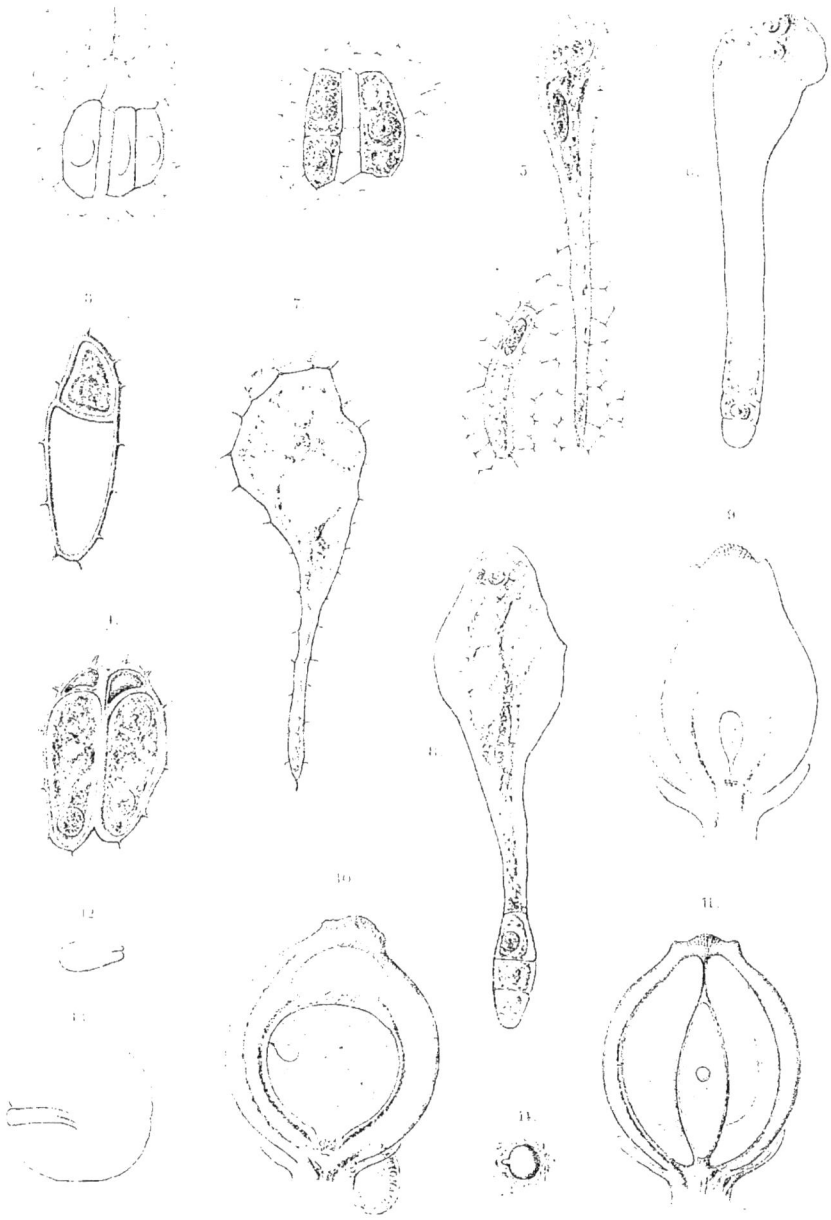

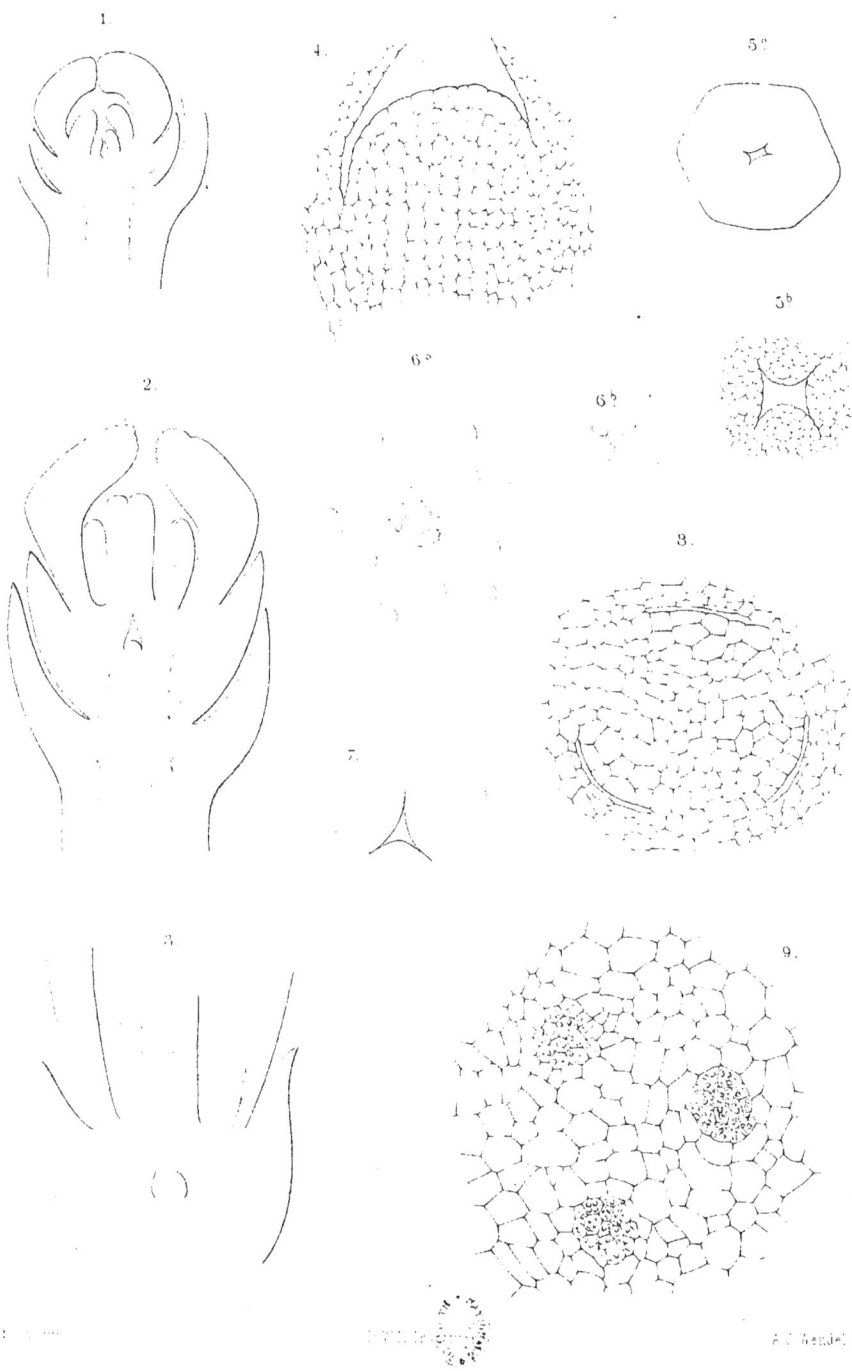

1.

2.

3.

4.

5ᵃ

5ᵇ

6ᵃ

6ᵇ

7.

8.

9.

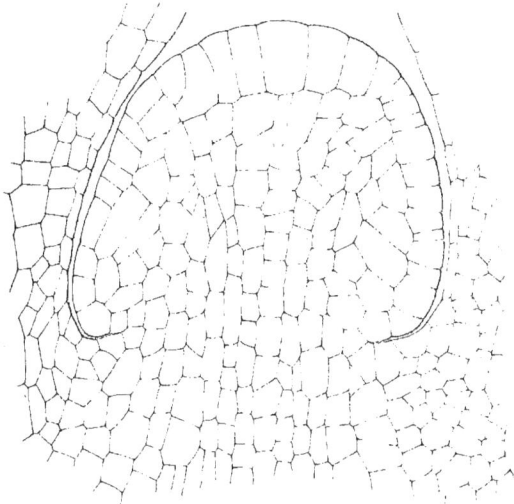

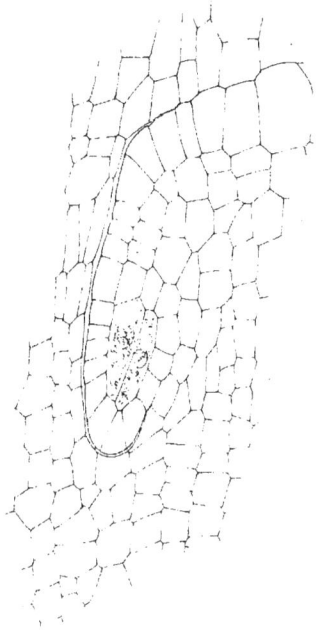

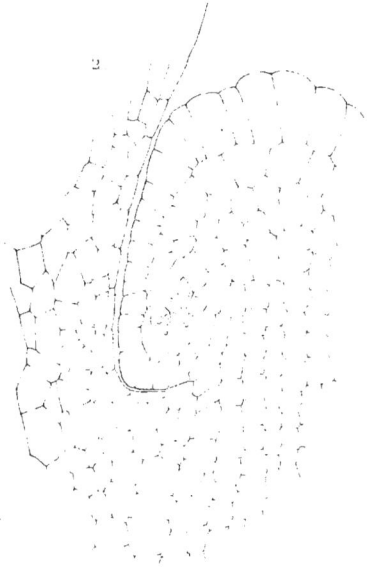

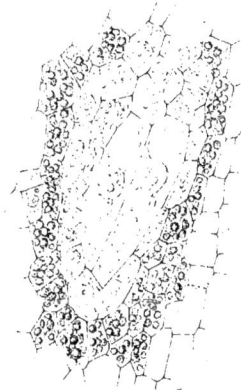

Pl. X.

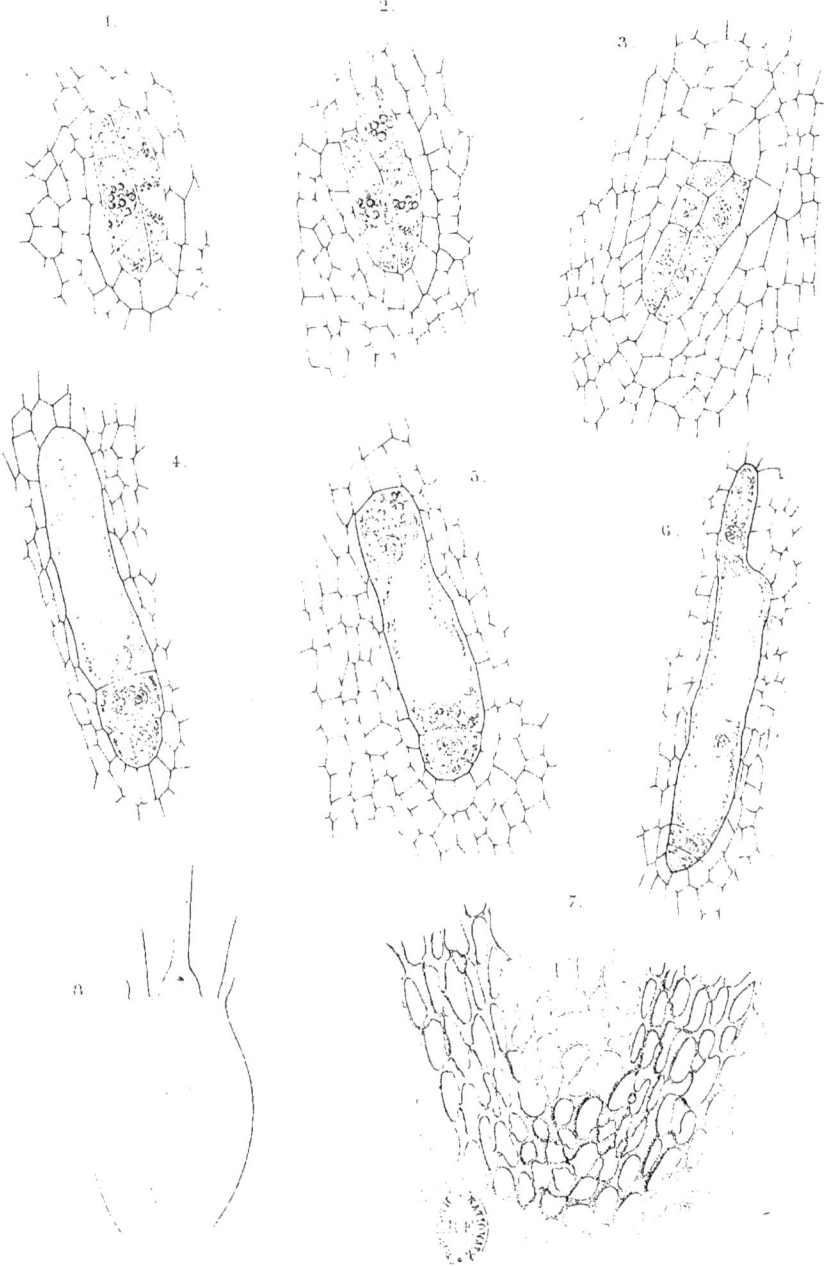

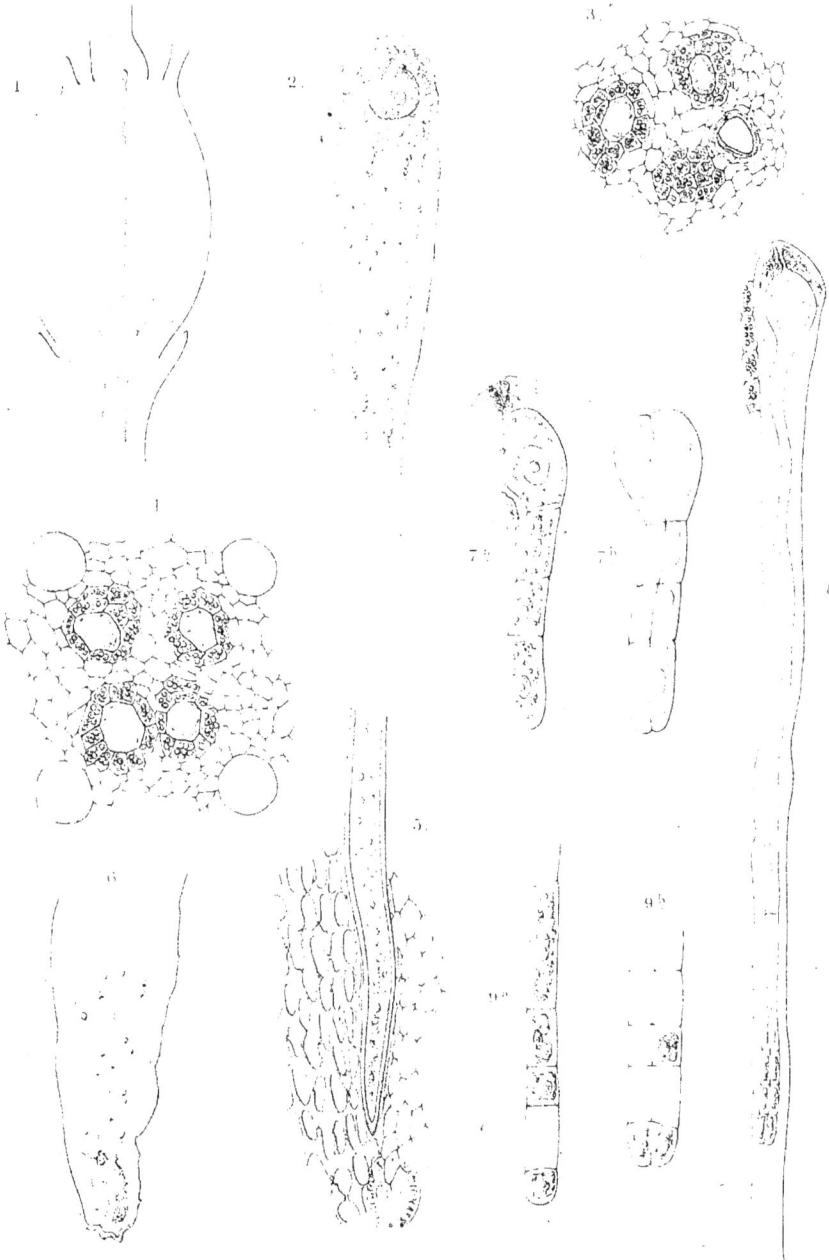

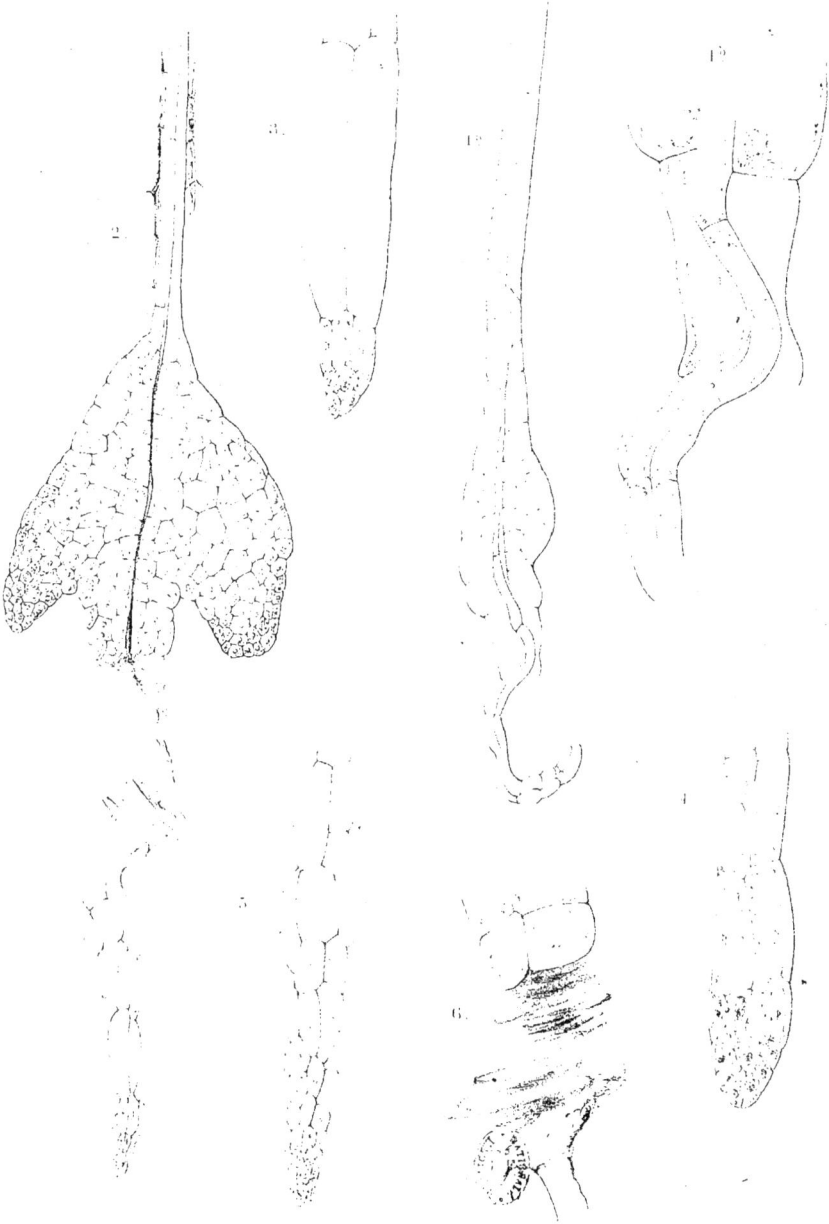

Pl. XIV.

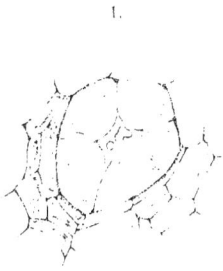

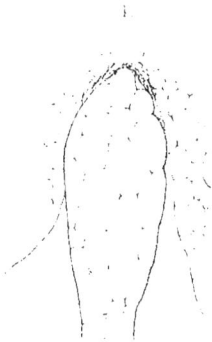

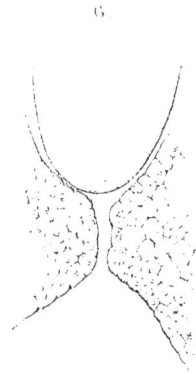

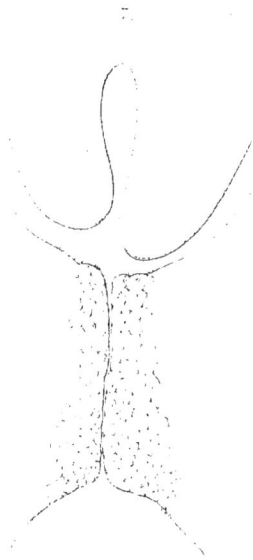

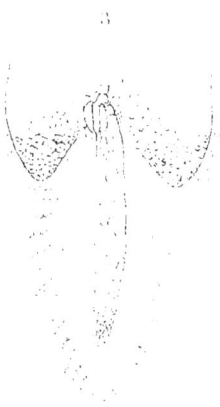

Pl. XV.

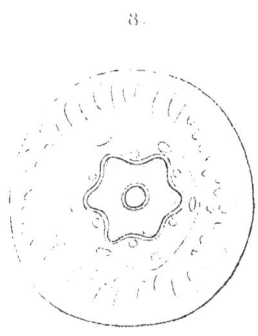

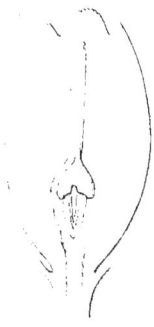

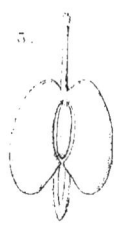

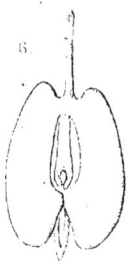

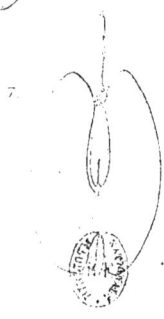

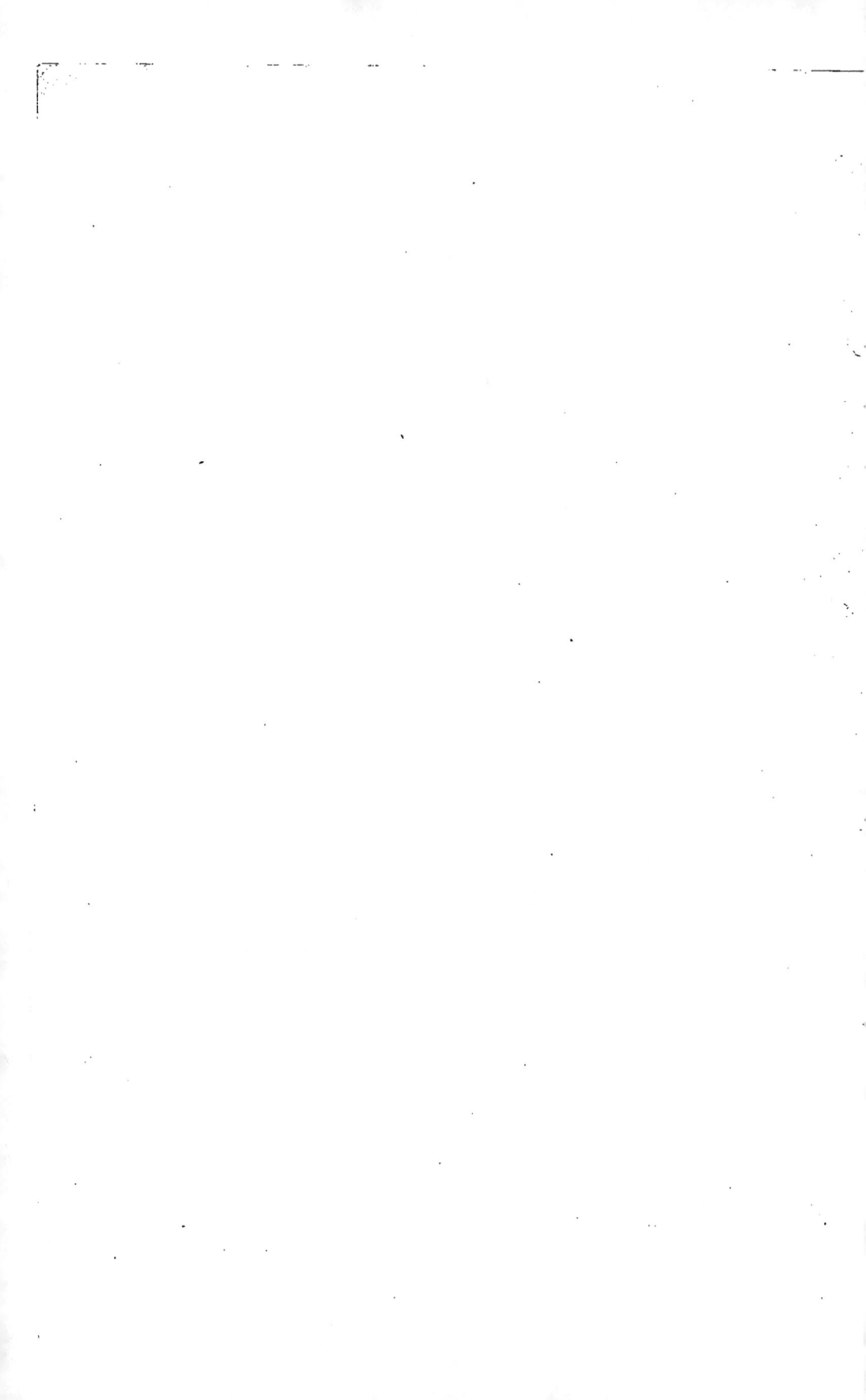

www.ingramcontent.com/pod-product-compliance
Lightning Source LLC
Chambersburg PA
CBHW032309210326
41520CB00047B/2615